DE LA

PRÉVISION DES NUAGES

ET DES

TEMPÊTES

PAR

M. Gabriel GUILBERT

———— ✳ ————

Extraits de l'Annuaire de la Société météorologique de France

CAEN

IMPRIMERIE-STÉRÉOTYPIE Vᵉ A. DOMIN, RUE ET COUR DE LA MONNAIE

1887

DE LA

PRÉVISION DES NUAGES

ET

DES TEMPÊTES

PAR M. GABRIEL GUILBERT

Extraits de l'Annuaire de la Société météorologique de France

COMPTES RENDUS DES SÉANCES DE LA SOCIÉTÉ

SÉANCE DU 6 AVRIL 1886

Présidence de M. d'ABADIE, de l'Institut. — M. Th. MOUREAUX, secrétaire

M. Léon TEISSERENC DE BORT présente à la Société un Mémoire de M. Gabriel GUILBERT relatif à l'observation de nuages et à l'application pratique de cette observation à la prévision du temps. L'auteur admet que les nuages qui se présentent près des côtes Ouest, sous forme de cirrus, se transforment peu à peu en nuages formés de globules liquides, puis en pluie, en même temps qu'ils s'abaissent vers le sol. M. TEISSERENC DE BORT ajoute qu'il pense que l'étude simultanée des cartes du temps et des nuages amènera l'auteur à changer quelques-unes de ses vues théoriques ; quoi qu'il en soit, la valeur des trois années d'observations de M. GUILBERT est très-réelle ; ce sont là de précieux documents pour l'étude des mouvements supérieurs de l'atmosphère.

M. RENOU a lu également avec intérêt le Mémoire de

— 4 —

M. GUILBERT et rend hommage au mérite de cet observateur zélé. L'étude attentive des nuages, malheureusement trop négligée, et des modifications incessantes que présente l'aspect du ciel, est effectivement une indication précieuse du temps prochain ; mais pour que cette indication puisse être interprétée convenablement, il semble indispensable de la comparer aux variations simultanées des autres éléments météorologiques. Même avec l'ensemble des observations, il est souvent difficile de prévoir le temps du lendemain ; il ne semble donc guère possible d'espérer, dans l'état actuel, que l'observation d'un seul élément puisse suffire couramment à établir une prévision.

SÉANCE DU 2 NOVEMBRE 1886

Présidence de M. SYMONS. — M. Th. MOUREAUX, secrétaire

M. Léon TEISSERENC DE BORT présente un second Mémoire de M. Gabriel GUILBERT sur la prévision du temps par l'observation des nuages. Dans ce Mémoire, l'auteur a fait une étude comparative des résultats fournis par la prévision du temps basée sur les isobares et celle qui ressort de l'observation des nuages ; il montre l'appui précieux que l'étude des nuages donne à la prévision par le baromètre et fait voir que dans certains cas les nuages permettent de formuler un avertissement exact pendant que les conclusions données par les cartes d'isobares pour l'Europe se trouvent en défaut. Cette étude, très-intéressante, sera résumée par l'auteur pour l'*Annuaire*.

SÉANCE DU 1er FÉVRIER 1887

Présidence de M. JANSSEN, de l'Institut. — Secrétaire, M. RENOU

M. RENOU lit un Mémoire de M. Gabriel GUILBERT, météorologiste à Caen, sur la prévision des tempêtes par l'observation des nuages.

DE LA PRÉVISION DES NUAGES

ET DES

SUCCESSIONS NUAGEUSES

(Annuaire de la Société Météorologique de France, livraison d'Avril-Mai 1887.)

Pour répondre à l'invitation de la Société Météorologique, je viens résumer mes études sur la prévision du temps par la prévision des nuages.

Reconnaître la nature des nuages, les prévoir, indiquer leur superposition, leur direction approximative et jusqu'à leur vitesse apparente, tel est le résultat que nous croyons avoir atteint par des observations attentives et multipliées.

En effet, un examen persévérant démontre que l'arrivée des nuages, leur passage, leur disparition à l'horizon, ne sont pas laissés au hasard, et qu'il règne, au contraire, dans les courants supérieurs, un certain ordre qui rend la prévision possible.

Cet ordre, je le désigne sous le nom de *succession nuageuse*.

Définition et caractères de la Succession nuageuse

J'entends par succession nuageuse, l'ensemble de tous les nuages possibles, liés entre eux si étroitement que la vision d'un seul entraîne la connaissance de tous.

L'ordre de superposition est si bien déterminé, qu'un nuage quelconque, visible au-dessus de tel autre, annonce qu'il fait partie de telle ou telle succession nuageuse.

Cet ensemble et cette superposition permettent d'établir une classification dans laquelle le nom seul d'un nuage indique son rang dans l'ordre de passage, le commencement ou la fin d'une succession nuageuse.

Ces successions, qui ne se rattachent point exclusivement aux périodes pluvieuses, *peuvent exister même dans les périodes anti-cycloniques ;* il en résulte que la prévision des nuages est possible à toutes les époques de l'année, ainsi que par tous les temps : une segmentation étant très rare.

Ordre des nuages dans la Succession nuageuse.
— Effets et conséquences

La succession nuageuse se révèle par l'arrivée soit des cirrus, soit des cirro-cumulus; si les cirro-cumulus commencent, ils annoncent les cirrus et réciproquement.

Ensuite, ces deux groupes de nuages supérieurs se superposent. Si le temps est humide, si les conditions nécessaires à la formation de la pluie se rencontrent, les cirro-cumulus donnent une première pluie.

Les cirrus continuent leur passage. Si l'observation est ininterrompue, si des brumes ne viennent obscurcir le ciel, on pourra facilement voir les cirrus s'épaissir, puis recouvrir le ciel d'un rideau uniforme : c'est le pallio-cirrus, la *couche filamenteuse*, comme je la désigne. Cette couche unique grisonne, et souvent, sans qu'aucun autre nuage ne soit venu s'interposer, la pluie commence, faible d'abord, mais augmentant progressivement, tombant avec une régularité remarquable qui ne révèle point de brusques mouvements : c'est la grande pluie quand le temps est humide, c'est le passage de la couche filamenteuse quand l'air est très sec.

Des cirro-cumulus plus ou moins élevés et les nuages qui en dérivent, des cumulus et des brumes suivant l'humidité aérienne, continuent la succession nuageuse ; puis surviennent des bancs nuageux, plus ou moins épais, de même aspect, de même nature que la couche filamenteuse précédente.

Dans une période humide, c'est maintenant l'heure des averses, de la grêle, des giboulées, des orages.

J'appelle ces nimbus partiels ou orageux, *des masses filamenteuses*.

Ces nuages, extrêmement remarquables, sont *les seuls producteurs d'orages*. Si le tonnerre retentit, vous pouvez être assuré de la présence des masses filamenteuses. La grêle, *tous les phénomènes électriques* sont pour ainsi dire leur propriété exclusive. En hiver, en été, à tout moment, la masse filamenteuse est capable des mêmes effets: nulle distinction n'est à établir entre les orages des diverses saisons : tout dépend du milieu que le nuage orageux pourra rencontrer.

La succession nuageuse est alors près de sa fin ; quelques nuages aqueux plus ou moins élevés, plus ou moins dangereux restent encore à passer.

Dans cette série d'observations, nous avons pu constater que les cirrus, la couche et les masses filamenteuses possèdent une propriété de la plus haute importance : leur vitesse apparente, surtout quand elle est nettement accusée au début, est toujours égale : c'est ce qui permet la prévision de leur passage plus ou moins rapide.

De plus, depuis les cirrus précurseurs jusqu'aux masses filamenteuses dans les nuages supérieurs ; depuis les cirro-cumulus jusqu'aux cumulus, les nuages suivent toujours une échelle décroissante : base de la prévision de leur superposition.

Cet ordre est très utile à la prévision. Si, par exemple, la couche des cirrus étant passée, on aperçoit des cirrus ou des cirro-cumulus au-dessus des masses filamenteuses, on pourrait croire d'abord l'ordre anéanti. Bien au contraire, ces cirrus ne pouvant appartenir à la succession actuelle, il faut en conclure qu'une nouvelle succession nuageuse s'avance et cette superposition en est le présage infaillible.

Ces quelques lignes suffisent pour démontrer la possibilité de la prévision des nuages, prévision qui conduit à la connaissance du temps prochain, puisque les nuages sont les uniques producteurs des différentes pluies.

L'observateur isolé, j'en ai fait longtemps l'expérience, n'a pas de guide plus sûr. Sujet aux erreurs, comme tous, dans la prévision du temps, il a au moins la satisfaction de prévoir les nuages avec succès ; il connaît approximativement le jour des petites pluies, le jour où la grande pluie peut venir, le jour enfin où l'orage peut éclater. Il sait que sous une couche filamenteuse ou d'autres nuages, il peut défier l'orage et son tonnerre, la grêle dévastatrice, la bourrasque soudaine, parce qu'aucun de ces phénomènes ne peut jamais alors avoir lieu ; tandis qu'au jour des masses filamenteuses, ces dangers lui apparaissent dans toute leur étendue. Ils n'existent qu'à ce moment, jamais dans d'autres jours.

Ainsi qu'on a pu le remarquer, nous avons attribué à des nuages glacés la chute de la pluie : c'est notre intime conviction et il en résulte que la pluie, provenant d'une fusion de cristaux glacés, est une cause de refroidissement.

Des faits peuvent le prouver.

On vient de lire l'exposé des bases principales qui me servent dans la prévision du temps, mais, à la prévision des nuages, doivent s'ajouter l'appréciation de l'hygrométrie des *diverses* couches aériennes, ainsi que la direction des vents.

Il nous reste à montrer comment les successions nuageuses se comportent par rapport à la pression barométrique, à la situation générale du temps.

Comparaison des Successions nuageuses avec les dépressions barométriques

Les pluies, étant attribuées aux dépressions, et, d'un autre côté, étant toujours amenées par les successions nuageuses, on pourrait croire à une corrélation intime entre ces deux phénomènes. On a même conclu à une concordance parfaite en décrivant l'état du ciel selon le tracé des isobares, en assignant aux nuages divers une place distincte dans l'ordre de passage des dépressions barométriques. Cependant, une étude comparative m'a démontré entièrement l'existence séparée et parfois indépendante de ces deux phénomènes atmosphériques, qui, loin de se confondre, présentent de nombreuses différences.

Donc, si les bases de la prévision diffèrent, on devra nécessairement prévoir parfois des résultats opposés.

Or, c'est ce qui arrive.

La succession nuageuse annonce souvent la pluie alors que le baromètre reste au beau.

La prévision est donc incertaine ; mais nous espérons qu'une connaissance plus approfondie permettra d'assigner aux données de ces deux modes d'observation leur valeur relative et d'établir entre eux un accord, ou du moins une subordination qui diminuera de plus en plus les chances d'erreurs.

Déjà, plusieurs faits remarqués nous autorisent à énoncer cette première règle d'accord :

Lorsque de faibles pressions ou une dépression sont signalées au large et qu'une hausse barométrique vient à les effacer, on doit examiner l'état du ciel. Si une succession nuageuse s'avance, il faut annoncer le mauvais temps qui viendra certainement, et la dépression ne reparaîtra qu'au moment des pluies, c'est-à-dire en retard au point de vue de la prévision.

PREMIER EXEMPLE

Situation atmosphérique, 6 Janvier 1885 : zône de basses pressions sur tout le N. W. de l'Europe.

7 Janvier : Basses pressions du N. W., se transportent au N., à l'E. Bodo, 745, Moscou, 750. Une aire de pressions supérieures à 770, venue par l'W. du Portugal, couvre aujourd'hui toute l'Espagne et la France : maximum en Gascogne : 775.

En France, le ciel est beau ou brumeux partout. — Une période de beau temps s'établit avec température basse.

8 Janvier : Changement brusque et rapide. Nouvelle zône de basses pressions, aborde le N. de l'Ecosse. Baisse générale sur tout l'W. de l'Europe. *En France, le temps va devenir pluvieux avec hausse de température.*

Ces deux prévisions du 7 et du 8 sont contradictoires, la première est erronée, la seconde est exacte.

Examinons maintenant la succession nuageuse correspondante.

Le 6 Janvier arrivent des cirrus filamenteux venant avec vigueur de l'W. S. W. Cette direction, jointe à la vitesse et aux autres observations, constitue une certitude : le mauvais temps va survenir.

Le 7, un vaste intervalle se produit, il faut attendre l'arrivée des nuages pluvieux annoncés la veille.

Le 8, les nuages prévus sont présents dès l'aurore ; avant la fin du jour, la pluie a commencé.

Par conséquent la succession nuageuse annonçait la pluie dès le 6, et les fluctuations barométriques des 6, 7 et 8 janvier n'ayant nullement influencé sa marche régulière : une période de mauvais temps va commencer.

SECOND EXEMPLE

9 Septembre 1885 : Dépression signalée hier au large de l'Écosse, aborde ce matin les Hébrides (743). Autre dépression persiste sur les Pays-Bas.

10 Septembre : Hausse générale. La dépression des Hébrides a gagné la Norwége (746), celle des Pays-Bas, Riga (746).

11 Septembre : Baisse extrêmement rapide. Une très forte bourrasque, venue rapidement du large est sur Pas-de-Calais (741). Violente tempête sur la Manche.

La tempête du 11, dont le début remonte au soir du 10, a donc surpris par sa rapidité et cependant, cette bourrasque n'était à mon avis que la réapparition de la dépression du 9 *(aux Hébrides)*.

En effet, le 8, le 9, la succession nuageuse s'avançait rapide W. N. W, le 10, jour de la hausse barométrique, elle se trouvait à son apogée et amenait régulièrement la grande pluie du 10 au soir avec la tempête qui devait suivre.

Dans plusieurs autres jours, l'opposition des deux méthodes est complète. Les 14 février, 23, 24, 26, 27 septembre, 13, 15 octobre, 2, 4 novembre 1885, le Bureau central Météorologique annonçait : *Beau temps.*

Les successions nuageuses, aux mêmes jours : *Pluie,* et le résultat confirmait les prévisions basées sur l'état du ciel.

Application des Successions nuageuses à la prévision du temps

En faisant intervenir l'appréciation des successions nuageuses dans la prévision de chaque jour, on verra que pendant les périodes humides, l'avantage reste à l'observation des nuages. Les différentes pluies, les variations de température, l'intensité des vents, sont prévues le plus souvent avec une avance notable sur les indications barométriques.

Dans les périodes sèches, *la lutte est beaucoup plus vive*; cependant aux dates que nous venons de donner, l'influence des successions nuageuses a été prédominante. Le beau temps annoncé les 23, 24, 26, 27, 28 septembre 1885 correspondait à une période de hautes pressions, et néanmoins les successions nuageuses amenaient *(à Longues, Calvados)* des pluies et des orages qui ont donné jusqu'à 30^{m}/^{m} d'eau en 24 heures.

Dans tous les cas difficiles, lorsque le baromètre reste au beau, malgré l'arrivée de successions nuageuses régions W., on doit toujours s'abstenir d'annoncer une période de beau temps dont la durée peut quelquefois ne pas atteindre un jour et qui, certainement, offrira au moins un ciel souvent menaçant.

De même, lorsque deux successions nuageuses se suivent *et se superposent*, à la fin de la première, le baromètre remontant parfois vivement, on annonce *temps à averses*, ou même *beau temps*. Or, cette prévision sera fausse si la couche filamenteuse de la seconde succession nuageuse est proche, et dans ce cas, il faut remplacer la prévision *averses* par celle de *pluie*.

Le régime pluvieux, loin de finir, va recommencer.

Par beau temps, les cirrus, les cirro-cumulus, la couche filamenteuse même d'une succession nuageuse sont passés sans donner de pluie ; le baromètre vient-il alors à baisser suffisamment pour former une dépression, l'on annonce la *pluie*. Prévision certainement erronée : les masses filamenteuses, c'est-à-dire les averses seules, restent encore à venir, et si la situation est favorable, c'est l'orage qui doit être prévu. La dépression sera vite terminée, puisque la succession nuageuse va l'être. (V. 12-14 Août 1886.)

Enfin, dans une situation atmosphérique troublée, peu saillante, la direction d'une succession nuageuse aide puissamment à connaître la direction d'une dépression encore peu définie. Le 5 mars 1885, on croyait à la formation d'une dépression secondaire au golfe de Gênes, tandis que l'examen des nuages annonçait une dépression principale se dirigeant vers les régions de la France, ce qui s'est réalisé.

« *Les successions nuageuses aident aussi puissamment à la prévision des dépressions secondaires. Celles du golfe de Gênes,* notamment, peuvent être prévues dans beaucoup de cas, des côtes du Calvados, par une simple observation des nuages. »

Si un observateur seul peut obtenir ces résultats par l'étude des successions nuageuses, il est permis de penser qu'avec un réseau d'observateurs étudiant le même phénomène, on arriverait à des résultats bien supérieurs.

Établir une classification des nuages pouvant être adoptée par tous les météorologistes;

Confier les observatoires situés sur les points les plus avancés des côtes W. de France à des hommes connaissant parfaitement les nuages et sachant reconnaître leur ordre de passage;

Envoyer chaque jour de ces points les indications recueillies sur les successions nuageuses;

Analyser au Bureau central ces renseignements simultanés, les comparer avec les autres documents habituels, *leur donner une place dans les bases de la prévision*, tel serait le plan qui me semblerait appelé à donner, *tôt ou tard*, une plus grande proportion de succès, une moindre somme d'erreurs et à contribuer ainsi à la connaissance de plus en plus parfaite de la *prévision du temps*.

DE LA PRÉVISION DES TEMPÊTES

PAR LA

PRÉVISION DES NUAGES

Note sur l'Ouragan du 26-27 Décembre 1886

La terrible tempête du 26-27 décembre 1886, survenue si rapidement, rappelle par sa violence les plus forts ouragans des années 1884-85-86 et les surpasse tous.

Si l'on compare cet ouragan avec celui du 11 septembre 1885, on trouve, dans les phénomènes précurseurs de ces deux cyclones, de nombreux points de similitude qu'il me paraît intéressant de signaler.

Voici les principales analogies.

8 Septembre 1885	**23 Décembre 1886**
Dépression probable à l'W. de l'Ecosse.	Dépression semble exister à l'W. de l'Irlande.
Autre dépression sur la Hollande.	Autre dépression sur la Hollande.
Cirrus N. W. (Succession nuageuse II).	*Cirrus N. W. (Succ. nuag. II.)*
9 Septembre 1885	**24 Décembre 1886**
Dépression aborde les Hébrides.	La dépression de l'W de l'Irlande arrive en Ecosse et se dirige sur l'Alsace.
Celle des Pays-Bas persiste.	
Cirrus et cirro-cumulus rég. W. (Succ. nuag. II.)	*Cirrus et cirro-cumulus rég. W. (Succ. nuag. II.)*
Au-dessus de masses filamenteuses, averses. (Succ. nuag. I.)	*Au-dessus de masses filamenteuses, averses. (Succ. nuag. I.)*
10 Septembre 1885	**25 Décembre 1886**
Dépressions s'éloignent :	Dépressions s'éloignent :
Forte hausse barométrique.	Forte hausse barométrique.
Cirrus et cirro-cumulus régions W. (Succ. nuag. II.)	*Cirrus et cirro-cumulus rég. W. (Succ. nuag. II.)*
Fin des masses filamenteuses (averses). (Succ. nuag. I.)	*Fin des masses filamenteuses (averses). (Succ. nuag. I.)*
11 Septembre 1885	**26 Décembre 1886**
Baisse extrèmement rapide.	Baisse extrèmement rapide.
Dépression venue du large, traversant Irlande, a son centre sur Pas-de-Calais (741).	Dépression venue du large traverse la Manche dans toute sa longueur. Minimum voisin de 741.
Ouragan précédé par longue pluie (Succ. nuag. II.)	*Ouragan effrayant, précédé par longue pluie. (Succ. nuag. II.)*

On vient de voir les analogies frappantes qui existent entre ces deux séries d'observations.

Il faut remarquer notamment que, dans l'une et l'autre

période, *deux successions nuageuses se trouvent superposées :* la première, présentant ses derniers nuages, déjà peu élevés, les masses filamenteuses, et la seconde, dont les cirrus et les cirro-cumulus apparaissent dans les plus hautes régions.

D'un autre côté, plus on approche de la fin du passage des masses filamenteuses, *plus la hausse barométrique s'accentue,* et voici que tout à coup, une baisse rapide commence et va déterminer une violente tempête.

Il est intéressant de rechercher les causes possibles de ces brusques variations barométriques.

Admettons, pour un instant, qu'il y ait une liaison intime entre les diverses hauteurs du baromètre pendant une dépression et les phases d'une succession nuageuse correspondante ; c'est-à-dire, qu'à l'apparition des cirrus se rattache le début de la baisse barométrique et celui de la hausse, au moment des averses, après le passage du centre.

Ces rapports, quand une seule dépression est en cours, devraient toujours exister et la baisse barométrique s'accentuer à mesure que la succession nuageuse présenterait ses plus dangereux nuages.

Dans ce cas de concordance, la baisse barométrique étant lente et graduelle, s'opérant sur une grande étendue, détermine un gradient assez faible et par suite, une intensité modérée dans la force des vents.

Tel n'est plus le cas lorsqu'une dépression venant à s'éloigner, la hausse du baromètre a lieu de concert avec la fin d'une succession nuageuse, *tandis que des cirrus précurseurs surmontent les derniers nuages de la dépression précédente.*

L'examen des cartes du temps ne révèle point alors la présence de ces nuages supérieurs dont l'action semble annulée par la hausse barométrique, inhérente à la fin d'une dépression.

Or, dans les cas que nous signalons (8-11 septembre 1885, 23-26 décembre 1886), cette hausse a complétement annulé non-seulement les cirrus, mais encore les cirro-cumulus et même des cirrus déjà épais qui ont passé pendant *3 jours,* et qui constituaient la plus grande partie de la nouvelle succession nuageuse. Cette élévation du baromètre, naturelle par rapport à la première dépression, *n'offrait plus aucune concordance* avec le passage des nouveaux nuages. Loin de diminuer, la pression augmentait et même le maximum de hausse était atteint au jour où la nouvelle succession nuageuse allait amener la couche filamenteuse, dont l'action devait être décisive sur la situation atmosphérique.

C'est cette action qui s'est produite ; aussi le baromètre, obéissant tout à coup à une nouvelle impulsion, est-il descendu avec une prodigieuse rapidité, et l'on sait quelles tempêtes en sont résultées.

Donc, dans les périodes de mauvais temps, quand une succession nuageuse suit son cours sans exercer une action sensible sur le baromètre, et surtout *quand les nuages supérieurs non dangereux passent tandis qu'une hausse barométrique s'affirme*, on doit jeter un cri d'alarme : la tempête est proche, soudaine et précipitée, devant franchir un immense espace en un temps relativement court.

Pourquoi ?

Parce que le passage des averses de la première dépression a maintenu jusqu'ici un mouvement de hausse qui va cesser avec les dernières masses filamenteuses ;

Que l'arrivée des nuages dangereux de la seconde succession nuageuse est imminente ;

Que leur action perturbatrice, comprimée, refoulée jusqu'alors par l'élévation passagère de la pression, ne va plus rencontrer d'obstacle ;

Qu'étant considérés l'état hygrométrique de l'atmosphère, le peu de force du vent *et sa direction*, la période en cours, etc., on en déduit la certitude de la pluie par la couche filamenteuse et l'existence d'une dépression ;

Que l'action de la succession nuageuse, loin de se répartir en plusieurs jours et de s'étendre sur une grande surface, va se faire sentir en un temps très court sur un point limité par la grandeur du nuage dangereux qui s'avance ;

Que cette baisse prochaine du baromètre, ayant lieu sur une aire de pressions élevées, va donner lieu à un gradient barométrique énorme, cause des plus violentes tempêtes.

C'est ce qui s'est produit dans les ouragans des 11 septembre 1885 et 26 décembre 1886, et la rapidité de parcours du centre de ces deux cyclones était très facile à prévoir, puisqu'il ne restait plus à passer qu'une fraction de la succession nuageuse, cause initiale de la dépression.

La tempête du 6 mars 1885 donnerait également lieu à de semblables considérations. Elle a beaucoup d'analogies avec les deux ouragans comparés, notamment le creusement progressif du centre de dépression ; toutefois, la succession nuageuse n'avait été aperçue que le 4 mars, c'est-à-dire deux jours avant la tempête, au lieu de trois.

Beaucoup de tempêtes de 1886, et particulièrement celles des 16 octobre et 8 décembre, sont arrivées dans des conditions analogues, et par conséquent la même méthode de prévision leur était applicable.

Dans un autre cas d'apparence semblable, il n'y aurait point lieu d'appliquer notre prévision d'une tempête. Si, par exemple, nous apercevons des cirrus dans un jour d'averses, de masses filamenteuses, et qu'alors le mouvement de hausse barométrique s'arrête, il est évident que la dépression nouvelle s'étendra plus lentement, et par conséquent, la tempête pourra être prévue, s'il y a lieu, dans les conditions ordinaires.

Il ressort de cette note :

Que nous croyons à la *préexistence* des successions nuageuses par rapport aux dépressions.

Que l'influence des nuages mérite un sérieux examen devant tendre surtout à établir des règles d'accord entre les successions nuageuses et les dépressions barométriques dont les indications sont parfois tout opposées ;

Que la prévision des nuages peut rendre de réels services, remplacer même sur les côtes le télégraphe le plus fidèle, qui ne peut remplir du milieu de l'Océan son rôle d'avertisseur.

Il m'a paru utile de montrer, qu'à côté des indications si précieuses données par l'examen de la *situation atmosphérique tout entière*, on peut aussi, *par une observation locale*, s'appuyant sur d'autres bases, prévoir ces terribles phénomènes qui viennent produire, de temps à autre, et surtout sur nos côtes, d'irréparables malheurs.

CAEN. TYP. Ve A. DOMIN, RUE DE LA MONNAIE